SITZUNGSBERICHTE DER SÄCHSISCHEN AKADEMIE
DER WISSENSCHAFTEN ZU LEIPZIG

Mathematisch-naturwissenschaftliche Klasse
Band 121 · Heft 3

ARMIN UHLMANN

SCHRÖDINGER
UND SEINE GLEICHUNG

AKADEMIE-VERLAG BERLIN

1989

Vorgetragen in der Sitzung am 9. Januar 1987
Manuskript eingereicht am 10. März 1988
Druckfertig erklärt am 5. Dezember 1988

ISBN 3-05-500563-5
ISSN 0371-327X

Erschienen im Akademie-Verlag Berlin, DDR-1086 Berlin, Leipziger Straße 3—4

Lizenznummer: 202 · 100/376/89

Gesamtherstellung: VEB Druckhaus „Maxim Gorki", 7400 Altenburg
LSV 1105
Bestellnummer: 763 923 1 (2027/121/3)

00300

Erwin Schrödinger ist einer der Begründer der Quantentheorie in ihrer gegenwärtigen Gestalt.

Erwin Schrödinger wurde am 12. August 1887 in Wien geboren. Aus Anlaß seines hundertsten Geburtstages werden viele Symposien, Akademische Feiern und andere Veranstaltungen stattfinden, die seine außerordentlichen Leistungen würdigen, Leistungen, die sich übrigens keineswegs nur auf die Quantentheorie, ja nicht einmal nur auf die Naturwissenschaften beziehen.

In der Deutschen Demokratischen Republik wird auf Vorschlag der Akademie der Wissenschaften und auf Beschluß des Ministerrates eine offizielle Würdigung Erwin Schrödingers erfolgen.[1]

Das diesjährige Schrödinger-Jubiläum war auch für mich ein willkommener Anlaß, vor dem Plenum der Sächsischen Akademie der Wissenschaften etwas hierzu aus der Sicht eines Theoretischen Physikers über die Erfindung der Schrödinger-Funktion und die Entdeckung der Schrödinger-Gleichung zu sagen — wenngleich nicht ohne Bedenken, da ich mich nicht auf eigene wissenschafts-historische Erhebung stützen kann. Andererseits ist für die Sächsische Akademie das Thema „Schrödinger" kein Neuland: In ihrer öffentlichen Sitzung am 13. November 1976 hat unser Mitglied Wolfgang Buchheim sehr profund zu „50 Jahre Wellenmechanik — der Beitrag Erwin Schrödingers zum quantenphysikalischen Naturverständnis" gesprochen [11, 12].

Schrödinger wurde 1906 an der Universität Wien zum Studium der Mathematik und Physik immatrikuliert. Er hatte zuerst an ein technisches Studium gedacht. Die damit verbundene Darstellende Geometrie hat ihn jedoch davon abgehalten. Seine Interessen waren jedoch keineswegs naturwissenschaftlich-technisch fixiert. Wir lesen in [1]:

> „Ich möchte nicht den Eindruck hinterlassen, mich hätte nur die Wissenschaft interessiert. Tatsächlich war es mein früher Wunsch, Poet zu sein. Aber ich bemerkte bald, daß Poesie kein Geld einbringt. Die Wissenschaft dagegen offerierte mir eine Karriere."

[1] Ich beziehe mich hier auf die Hertz-Schrödinger-Ehrung der Akademie der Wissenschaften der DDR, die am 24. 9. 1987 in Berlin stattfand (Anm. bei der Drucklegung).

Zu seinen Lehrern zählten Escherich, Exner, Hasenöhrl, von Lang, Wirtinger. Besonders die Vorlesungen Hasenöhrls zur Theoretischen Physik beeindruckten ihn. Nach Boltzmanns Tod war Hasenöhrl auf dessen Lehrstuhl berufen worden und Schrödinger erkannte in Hasenöhrl den Vermittler des Boltzmannschen Erbes. Über diese Vermittlung sah sich Schrödinger gern als ein Schüler Boltzmanns, den er über alles verehrte und dessen Auffassung zur Statistischen Physik und zur Atomistik ihn überzeugten. Er studierte aber auch die Argumente von Mach, dem scharfsinnigen Verneiner der Atomistik, genau.

Später wird Schrödinger bei der Nobelpreisübernahme sagen:

„... wäre Hasenöhrl nicht gefallen, so stünde er wohl jetzt an meiner Stelle."

Nach vier Jahren Studium, das Diplom war noch nicht erfunden, promovierte er 1910 zum Dr. phil. mit der Dissertation „Über die Leitung der Elektrizität auf der Oberfläche von Isolatoren an feuchter Luft". Nach der Unterbrechung durch den Militärdienst, den er als „Einjährig-Freiwilliger" bei der Artillerie ableistete, wurde er im Oktober 1911 Aushilfsassistent bei Franz S. Exner und mit der Leitung des Praktikums für Physiker betraut. Von dieser Tätigkeit scheint er nicht besonders angetan worden sein; denn er schreibt später [1] über sie:

„Ich lernte in diesen Jahren zwei Dinge: Erstens, daß ich selbst zum Experimentator mich nicht eigne. Zweitens, daß der Boden, auf dem ich lebte, und die Menschen, mit denen ich dort lebte, nicht mehr geeignet waren, experimentellen Fortschritt entlang großzügigen Linien zu erzielen. Das lag an vielem, unter anderem daran, daß das goldene Wiener Herz liebenswürdige Stümper ... an Schlüsselpositionen stellte, wo sie den Verkehr hemmten, während wirklich Persönlichkeiten dort nötig gewesen wären, und hätte man sie von weit herholen müssen."

Mit Unterstützung Hasenöhrls wird 1913 das Habilitationsverfahren eingeleitet und Januar 1914, gerade 8 Jahre nach Studienbeginn, seinen einjährigen Militärdienst eingeschlossen, wird ihm die venia legendi zuerkannt. Seine Habilitationsschrift lautete: „Studien über Kinetik der Dielektrika, den Schmelzpunkt, Pyro- und Piezoelektrizität."

Zu Beginn des ersten Weltkrieges wird Schrödinger eingezogen und mußte diesen bis zum Ende im Felde durchstehen. Trotzdem gelang es ihm, 1916 Einsteins Arbeit zur Allgemeinen Relativitätstheorie zu lesen und zu verstehen. Zwei kleine Veröffentlichungen (1917) hierzu bezeugen dies. Durch die Nachkriegsverhältnisse wird die vorgesehene Berufung an die Universität Czernowitz verhindert.

Nach den Lehrjahren begannen kurze Wanderjahre. Seine vielseitigen theoretischen Arbeiten hatten ihm bereits einen solchen Ruf eingebracht, daß eine Berufung der anderen folgte. In seinen Arbeiten hatte er sich mit der kinetischen Theorie des Magnetismus und der Elektrizität, mit der Gitterdynamik des Festkörpers, mit der Theorie der von Laueschen Röntgenstrahlinteferenzen, mit Radioaktivität und Höhenstrahlung und mit der Helmholtzschen Farbenlehre beschäftigt.

Es erstaunt uns Heutige zu sehen, daß für Schrödinger innerhalb von etwa zwei Jahren vier Berufungen durchgesetzt werden konnten: Anfang 1920 beantragt die Fakultät in Wien eine außerordentliche Professur. Er erhält einen Lehrauftrag bei Max Wien in Jena und wird an der Jenenser Universität im September Professor ohne Lehrstuhl. Aber schon das Wintersemester 1920/21 sieht ihn als ao. Professor an der TH Stuttgart und das folgende Sommersemester als ordentlichen Professor für Theoretische Physik an der Universität Breslau.

Im Herbstsemester des gleichen Jahres aber wird er Ordinarius für Theoretische Physik an der Universität Zürich. Er erhält den Lehrstuhl, den vor ihm Einstein und von Laue innehatten. In Zürich verbleibt er endlich bis zum Jahre 1927 und hier vollbringt er seine für die Physik wichtigsten Leistungen.

Zum 1. Oktober 1927 wird er nach Berlin auf den Lehrstuhl Max Plancks berufen und 1929 wird er Mitglied der Preußischen Akademie der Wissenschaften.

Wegen der Machtergreifung des Faschismus gibt er 1933 vom Urlaub in der Schweiz seine Demmission nach Berlin. Nach einigem Zögern erfolgt schließlich 1935 seine Emeritierung in Berlin.
In Oxford findet er Aufnahme als „Fellow“ im Magdalenen College.

Am 9. November 1933 werden Schrödinger und Dirac mit dem Nobelpreis für Physik ausgezeichnet.

1936 nimmt er eine Berufung an die Universität Graz an. Später bezeichnete er dies als eine „beispiellose Dummheit“; denn in Graz holte ihn 1938 der Faschismus ein, und er hätte auch einer Berufung nach Edinburgh folgen können.

Zu Beginn der faschistischen Besetzung Österreichs wurde er fristlos entlassen. Er gab nicht nur die beiden Pistolen ab, die er 1910 von seinem Vater erhalten und aus denen er nie einen Schuß abgegeben hatte, man nahm ihm auch den Paß ab. Nur durch einen glücklichen Zufall entkam er der Paßkontrolle und konnte, nach einer kurzen Zuflucht in der Päpstlichen Akademie der Wissenschaften, an das Magdalenen College in Oxford zurückkehren. (Zu Schrödingers Flucht aus dem besetzten Österreich gibt es auch andere Versionen.)

Nach einer Gastprofessur in Gent (1938/39) wird Schrödinger Professor an der Royal Irish Academy (1939/40). Es folgen 16 Jahre an der School of Theoretical Physics des Institute for Advanced Studies in Dublin.

Endlich beginnt, nach Jahren des Bedenkens, im März 1956 seine „zweite Wiener Zeit" als Ordinarius ad personam für Theoretische Physik an der Universität Wien.

Nach seiner Emeritierung (1958) arbeitet er an seiner Autobiographie und der Schrift „Meine Weltsicht".

Schrödinger, der zwei Weltkriege miterleben mußte, den Krieg haßte, den Faschismus fürchtete und öffentlich gegen Atomwaffen eintrat, schrieb 1960 an seinen Verleger zu seiner Autobiographie: „Ich möchte im Titel heißen: Erwin Schrödinger. Friedensklasse des Pour le Merite."

Er starb am 4. Januar 1961 in Wien.

Bald nach Schrödingers Ableben hatten die Wiener Theoretiker begonnen, alle Zeugnisse seines Lebens zu sammeln und zu bewahren. Zum 50. Jahrestag der Verleihung des Nobelpreises an Erwin Schrödinger konnte die Österreichische Akademie der Wissenschaften seine gesammelten Abhandlungen herausgeben [8]. Aus dem Vorwort von Walter Thirring seien zwei Passagen zitiert, die uns Schrödinger näherbringen:

> „Als Mensch war Schrödinger ein Wahrheitssucher, der sich der Grenzen menschlichen Denkens wohl bewußt war, und nichts lag ihm ferner als pompöser Endgültigkeitsanspruch oder rechthaberische Eitelkeit.
> Schrödinger war ein Meister vieler Sprachen, und die Lektüre seiner Bücher und Schriften bereitet stets auch einen literarischen Genuß. ... Viele seiner Schriften sind aus Vorlesungen herausgegangen, auf die er sich sorgfältig vorbereitete und die pädagogische Meisterstücke sind. Sein Vortrag ging allerdings nicht über das Manuskript hinaus, er war nicht brillant, da er vorlas und so manchmal bei der Rechnung durch eher triviale Punkte verwirrt wurde."

Obwohl Schrödinger die wissenschaftliche Diskussion suchte und er des öfteren gerade im Widerstreit zu neuen Denklinien fand, arbeitete er stets allein. Nach eigenem Zeugnis konnte er schlecht mit anderen arbeiten, auch nicht mit Schülern [14]. Hierzu mag vielleicht auch ein Aspekt seines Arbeitsstils beigetragen haben, den er selbst so beschreibt:

> „In meinen wissenschaftlichen Arbeiten bin ich (wie übrigens auch im Leben) nie einer großen Linie gefolgt, einem für längere Zeit richtungsgebenden Programm."

* * *

Die Entwicklung der Quantenphysik begann 1900. Bei der Analyse der Gesetze der Hohlraumstrahlung fand Planck das Wirkungsquantum. Ein Vierteljahrhundert mußte vergehen, bis auf dieser fundamentalen Entdeckung die Quantentheorie in ihrer heute akzeptierten Form entstehen konnte. Unter den Wegbereitern dieser Entwicklung finden wir Einstein mit seiner Hypothese von der Quantennatur des Lichts (1905) und seiner Theorie der spezifischen Wärme (1907).

Aber erst die Gestalt, die Bohr dem Rutherfordschen Atommodell gab, seine Erklärung des Verhaltens des Wasserstoffatoms und die hieraus folgende Möglichkeit des Verstehens des periodischen Systems beendeten die abwartende, wenn nicht gar ablehnende Haltung der Mehrheit der Physiker zu den Quantenhypothesen.

Es begannen ertragsreiche Jahre der theoretischen Verifikation bekannter und der erfolgreichen Voraussage neuer experimenteller Ergebnisse. Es entstanden die „halbklassischen" theoretischen Ansätze, Hybride der Klassischen Theoretischen Physik und der Quantenhypothese, die klassische Elektronenbahnen und Energiestufen durch gewisse Ganzzahligkeitsforderungen auszeichneten. Durch die Versuche von J. Franck, G. Hertz waren diese Energiestufen erstmalig direkt meßbar geworden.

Zu Anfang der zwanziger Jahre häuften sich jedoch neue Schwierigkeiten: Die interimistische und in gewissen Sinne „naive" Quantenphysik war auf Grenzen ihrer Anwendbarkeit gestoßen [11], ihr Ideenvorrat war erschöpft. Die Erklärung wichtiger experimenteller Befunde, darunter das Verhalten des H-Atoms unter äußeren elektromagnetischen Feldern und die Struktur des Heliumspektrums gelang trotz aller Anstrengungen nicht.

Doch waren diese Anstrengungen nicht umsonst sondern notwendiges Vorspiel:

Mächtige Denkbarrieren waren zu beseitigen und ganz neuartige Begriffe mußten vorbereitet und allmählich aufgebaut werden. Ohne daß ihre richtig verstandene außerordentliche Bedeutung verloren ging, mußte der Klassischen Physik ein nach Stellung und Anspruch durchaus bescheidenerer Platz zugewiesen werden. Dabei war sie durch die Spezielle und die Allgemeine Relativitätstheorie gerade zu neuem Glanz gekommen. Doch mit diesem neuen Gipfel der Klassischen Physik war auch die Einsicht verbunden, daß selbst die Mechanik noch grundlegender Wandlungen fähig ist.

In Zürich traf Schrödinger auf Hermann Weyl und Peter Joseph Wilhelm Debye.

Weyl, Schüler von David Hilbert, ein ausgezeichneter Mathematiker und profunder Kenner der Theoretischen Physik, war gerade auf der Suche nach einer einheitlichen Feldtheorie, die über Einsteins Allgemeine Relativitätstheorie hinausreichte. Auf dieser Suche war auch Albert Einstein, der den

Weylschen Ansatz jedoch als verfehlt ansah, und weitere angesehene Gelehrte. Wenn auch dieses Programm über die Jahrzehnte hin immer wieder in eine Sackgasse führte und sein Einfluß auf die Physik bis in die jüngste Vergangenheit keineswegs dem in der Zielstellung angestrebten Anspruch entsprach, führte es doch zu sehr wichtigen Teillösungen und begrifflichen Erweiterungen. Dies trifft gewiß auch auf die Konzeption von Weyl zu, der in seiner „Weltgeometrie" über Möglichkeiten der Einbeziehung des elektromagnetischen Feldes in die Allgemeine Relativitätstheorie nachgedacht hatte und der den elektromagnetischen Potentialen eine Schlüsselrolle beim Transport geometrischer Größen in Raum und Zeit zugewiesen hatte.

Schrödinger kannte die Weylschen Untersuchungen genau und 1922 schrieb er eine Arbeit, die in indirekter Weise mit der Genesis der Wellenmechanik verbunden ist und die für das Verständnis des Elektromagnetismus in der Quantentheorie sehr wichtig werden sollte [10]. Die hier gewonnenen Einsichten erlaubten ihm später, das Wirken beliebiger elektromagnetischer Felder zu berücksichtigen. Bei der Betrachtung des Weylschen Streckenfaktors fiel Schrödinger durch Berechnung von Beispielen auf, daß die Integration seines Exponenten längs einer Bohrschen Umlaufbahn ein ganzzahliges Vielfaches einer Naturkonstanten ergibt. Er bemerkte am Ende seiner Ausführungen, daß der Streckenfaktor, wenn man seinen Exponenten mit der imaginären Einheit multipliziert, gerade „Eins" bei jedem „erlaubten" Umlauf ergibt. Obwohl keinerlei Erklärung hierfür möglich war, glaubte Schrödinger nicht an einen Zufall. Die große Bedeutung dieser Beobachtung und die genannte ad hoc Modifikation der Weylschen Ansätze konnte erst nach einigen Jahren richtig begriffen werden. Sie ermöglichte ein neues Verstehen der Elektrodynamik als sogenannte Eichfeldtheorie und darf sicherlich als eine frühe Vorbereitung einer Hauptlinie gegenwärtiger Forschung angesehen werden.
Unabhängig von Schrödinger beobachtete auch Fokker das eben genannte Verhalten des Weylschen Streckenfaktors ohne darüber allerdings zu publizieren ([13], S. 89).

Die eigentliche Quantentheorie entstand 1925/1926 in Jahren unglaublicher wissenschaftlicher Dynamik. Und die Fundamente dieser Theorie wurden so wohl gelegt, daß in der Folgezeit eine großartige Entdeckung die andere ablöste.

Werner Heisenberg fand 1925 das erste Teilstück zur Formulierung der Quantentheorie. Er entdeckte die grundlegenden kanonischen Vertauschungsregeln und damit die Nichtkommutativität der physikalischen Größen. Zu deren Beschreibung führte er unendliche Matrizen ein. Dieser Schritt wurde zu Recht für so bedeutend gehalten, daß die neue Theorie den Namen „Matrizenmechanik" erhielt. Nach Heisenberg wurden Energie, Impuls, Ort, elektrisches Moment usw. nicht mehr durch Funktionen auf der Menge der Zustände sondern durch Matrizen beschrieben, bzw., offenbar auf Vorschlag von Dirac, durch abstrakte algebraische Größen, die damals „q-Zahlen" getauft wurden.

In seiner Arbeit „Über das Verhältnis der Heisenberg-Born-Jordanschen Quantenmechanik zu der meinen" beschreibt Schrödinger in einer Fußnote seine ursprüngliche und nie ganz verloren gegangene Abneigung gegen Heisenbergs Gedankengänge. Diese Abneigung gilt ihm auch als Argument, das die Eigenständigkeit seines Weges betont:

> „Eines genetischen Zusammenhanges mit Heisenberg bin ich mir durchaus nicht bewußt. Ich hatte von seiner Theorie natürlich Kenntnis, fühlte mich aber durch die mir sehr schwierig scheinenden Methoden der transzendenten Algebra und durch den Mangel an Anschaulichkeit abgeschreckt, um nicht zu sagen abgestoßen" ([3], S. 63).

Von außen gesehen deutet sich im Jahr 1925 noch keineswegs an, daß Schrödinger vor einer großen und erstaunlichen Entdeckung steht. In diesem Jahr erscheinen von ihm 8 Arbeiten und unter diesen nur eine, die sich mit Quantenphysik befaßt. Diese ist noch ganz im Stile der halbklassischen Phasenraumquantisierung à la Bohr-Sommerfeld geschrieben und trägt den Titel „Die wasserstoffähnlichen Spektren vom Standpunkt der Polarisierbarkeit des Atomrumpfes" (Ann. Physik 77 (1925) 43—70).

Bemerkenswert ist auch, daß Schrödinger durch keine der zu seiner Zeit großen Schulen der Atomphysik in Kopenhagen, Göttingen und München hindurchgegangen ist [11].

Schrödinger begann seine Arbeit ganz unabhängig von Heisenberg. Sein Ausgangspunkt waren die Arbeiten von Louis de Broglie, der 1924 seine Dissertation verteidigte. In ihr finden wir mehrere für die Genesis der „Wellenmechanik" wichtige Ideen und Formeln, an die Schrödinger anknüpfen wird. Hierzu gehört vor allem die Zuordnung einer Welle zu der freien Bewegung eines Teilchens — in Umkehrung des Vorgehens von Einstein, der der Lichtwelle eine Art von Teilchen, das Lichtquant, zugeordnet hatte.

De Broglie beschreibt dies im ersten Kapitel seiner Dissertation unter dem von ihm erfundenen Begriff „Phasenwellen". Er untersuchte weiter die Gruppengeschwindigkeit seiner Wellen: Aus der Dispersionsrelation für die Phasenwellen konnte er die Gleichheit dieser Gruppengeschwindigkeit mit der Geschwindigkeit des Teilchens folgern. Wenn er dann der Kreisbahn eines Teilchens um sein Zentrum eine stehende Phasenwelle zuordnen wollte, so waren die Bohrschen Quantenbedingungen für eine solche Konstruktion notwendig. Es schienen also Teilchen etwas mit Wellenbewegungen, besonders aber mit stehenden Wellen zu tun zu haben. Schrödinger nutzte später den Vergleich mit den Eigenschwingungen von Saiten und Membranen.

Auch de Broglies zweites Kapitel „Prinzip von Maupertius und Fermat“ und der seiner Dissertation beigefügte historische Exkurs in die Entwicklung der Teilchen-Welle-Problematik, in dem er besonders auf die Extremalprinzipien einging, müssen hier genannt werden. Denn als Schrödinger 1928 „Vier Vorlesungen über Wellenmechanik“ [4] veröffentlicht, beginnt er seine Erläuterungen unter der Überschrift „Ableitung des Grundgedankens der Wellenmechanik aus der Hamiltonschen Analogie zwischen gewöhnlicher Mechanik und geometrischer Optik“.

Die Ideenlinie der Extremalprinzipien findet man bereits in der antiken Naturphilosophie. Aristoteles suchte zu zeigen, daß die Natur nichts unvernünftig und daher auch nichts vergebens tue. (Leider dürfen wir uns heute dieser glücklichen Illusion nicht mehr hingeben.) In Sonderheit sollten die Sehstrahlen auf kürzestem Wege voranschreiten, und Heron fand dies im Reflexionsgesetz bestätigt. Während aber Heron das Reflexionsgesetz noch als gegeben annahm, um das Extremalprinzip zu folgern, kehrte im 17. Jahrhundert Fermat diese Argumentation um und bewies aus dem Extremalprinzip das Brechungsgesetz. Er bemerkte dabei, daß nicht der Weg, sondern die Zeit, die Lichtzeit, extremal zu sein hat. Das Licht wählt also unter allen Wegen, die von einem Punkt zu einem anderen führen, gerade denjenigen, für den es am wenigsten Zeit benötigt. Dem analog formulierte 1740 Maupertius ein grundlegendes Extremalprinzip für die Mechanik. Hiernach sollte das Produkt aus Masse, Weg und Geschwindigkeit, über den beobachteten Weg aufsummiert, zum Minimum werden. Obwohl er mit seinen Definitionen etwas willkürlich vorging, wirkten Maupertius Arbeiten sehr anregend. Euler gelang es, seine Gültigkeit für die Wurfbewegung zu zeigen. Lagrange und etwas später Hamilton bauten diese Ideen zu genauen und wirksamen Extremalprinzipien für die Mechanik aus. Nun konnte gezeigt werden, daß sich für die geometrische Optik und die Mechanik **mathematisch** gleiche Theorien ergaben, die sich nur durch ihre physikalische Interpretation unterschieden.

Die geometrische Optik ist jedoch nur ein Grenzfall der Wellenoptik, d. h., man kennt ein vergröberndes Verfahren, das aus der komplizierten Wellenoptik (wie sie die Maxwellschen Gleichungen liefert) die begrifflich viel einfachere Geometrische Optik herstellt: Aus einer Wellenausbreitung wird ein Bündel voneinander unabhängiger Strahlen.

De Broglie, und nach ihm Schrödinger, Debye und andere, kamen daher

1923/25 auf die Idee, die Mechanik könnte auch nur ein gewisser Grenzfall einer „wellenartigen“ Theorie sein, die „für kleine Systeme nicht mehr gilt“ [4] (siehe auch [13], S. 45).

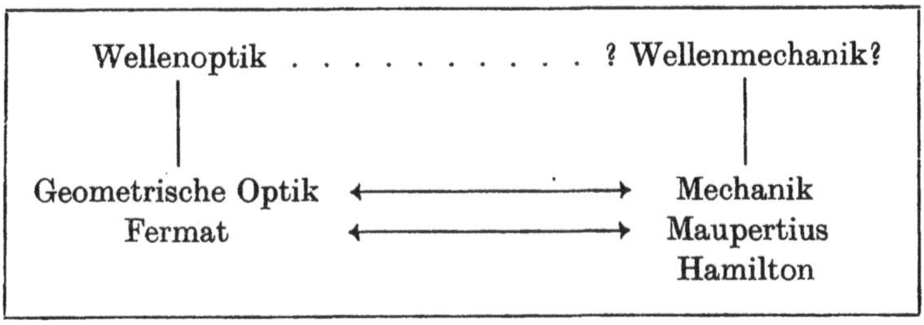

Es ist klar, daß sich für den Aufbau einer solchen Theorie keine zwingende Argumentation finden läßt. Der Erfolg versuchsweiser Ansätze mußte entscheiden. Heute wissen wir natürlich, daß die Wellenoptik der Quantenphysik näher steht als die Klassische Mechanik und daß Lösungen der Maxwellschen Gleichungen die Zustände freier Photonen auch im Sinne der Quantentheorie zu beschreiben gestatten.

In Zürich interessierte sich Debye für die Arbeiten von de Broglie, und er versuchte, wie er später zu Protokoll gab, das eben genannte Problem zu lösen, war aber nicht erfolgreich.

Nach Erinnerungen von Kapica [9] bat Debye Schrödinger, über die de Broglieschen Arbeiten vor jungen Leuten vorzutragen. Schrödinger lehnte zunächst ab. (Die genannten Arbeiten wurden vielerorts skeptisch aufgenommen.) Dann, als Debye seine Autorität nutzte, begann Schrödinger nach einem Weg zu suchen, diese Ideen zu verstehen und zu vervollkommnen — soweit Kapica (siehe hierzu auch [15]).

Überzeugen von der Bedeutung de Broglies konnte Schrödinger offenbar erst Einstein, an den er schrieb (23. 4. 26):

> „... Übrigens wäre die ganze Sache sicherlich nicht jetzt und vielleicht nie entstanden (ich meine, nicht von meiner Seite), wenn mir nicht durch Ihre zweite Gasentartungsarbeit (Berliner Ber., 1924, I, 3) auf die Wichtigkeit der de Brogliesschen Ideen die Nase gestoßen wäre.“

Einstein hatte, de Broglie folgend, mit jeder Bewegung ein wellenartiges Feld postuliert, „dessen physikalische Natur“, wie er schrieb, „einstweilen noch dunkel ist“.

Durch seine Arbeiten zur konforminvarianten Gravitationstheorie Weyls und der von ihm geschlagenen Brücke zur Quantenhypothese in der schon erwähnten Arbeit von 1922 hatte Schrödinger ein Mittel in der Hand, de

Brogliesche Wellen in einem elektromagnetischen Feld zu betrachten. Er setzte offenbar ad hoc zunächst die für skalare Wellen zuständige Wellengleichung mit der neuen Dispersionsrelation für Materiewellen an, stellte die richtige relativistische Wellengleichung (die Klein-Gordon-Gleichung) mit der korrekten Ankopplung an ein beliebiges elektromagnetische Feld her und spezialisierte dieses dann auf das elektrostatische Kraftfeld des Wasserstoffkerns.

Daß es eine Funktion geben sollte, die einer allgemeinen Wellengleichung genügt, so wie das elektromagnetische Feld den Maxwellschen Gleichungen, war eine geniale Schrödingersche Erfindung. Ihre Einführung beweist erstaunliche Intuition aber auch Wagemut, denn ihr entsprach keine bekannte physikalische Größe und es zeigte sich bald, daß sie einer neuen physikalischen Begriffsebene angehört. Dieser Ansatz wird zur „Schrödinger-Funktion" führen. Sie wird von ihrem Erfinder in seinen großen Arbeiten mit dem griechischen Buchstaben „psi" belegt und „psi-Funktion" genannt werden.

Heute darf mit vollem Recht gesagt werden, daß die psi- oder Schrödinger-Funktion zu einem der begrifflichen Grundpfeiler der Quantentheorie geworden ist, zu einem Instrument, durch das viele ihrer Aufgabenstellungen überhaupt erst handhabbar wurden [11].

Allerdings nährte die psi-Funktion auch die Illusion möglicher klassischer Deutungen und führte Schrödinger zu immer neuen Verstrickungen mit dem Interpretationsproblem der Quantenphysik.

Mit diesen Bemerkungen sind wir schon etwas voraus geeilt. Denn in der Tat kam das Wasserstoffspektrum bei diesen ersten Versuchen falsch heraus. Heute erscheint es leicht, Gründe dafür anzugeben. Schrödinger benutzte zunächst relativistische Wellengleichungen. Natürlich fehlte damals das Begriffsinstrumentarium für eine relativistische Quantenmechanik noch vollständig. Die Grundfragen der Quantentheorie auf dem Boden einer konsequent relativistischen Physik zu entdecken, sollte nach heutigem Ermessen damals völlig unmöglich gewesen sein.

Aber war nicht auch die klassische relativistische Mechanik nur unbedeutend in Problemen mit Wechselwirkung vorangekommen? Konnte eine Gleichung vielleicht gar „zu genau" sein? Welche Gedanken es auch waren, Schrödinger ließ das Problem einige Monate liegen und unternahm dann einen neuen Versuch, der weniger ehrgeizig erschien: Er ging zur nicht-relativistischen Näherung seiner relativistischen Wellengleichungen über und betrachtete überdies noch den statischen Fall. Hierdurch kam Schrödinger nun tatsächlich auf den richtigen Ansatz.

Er entdeckte die heute „zeitunabhängige Schrödinger-Gleichung", von Schrödinger zunächst „Schwingungsgleichung" genannt.

Schrödingers „Schwingungsgleichung“

$$\Delta\Psi + \frac{2m}{K}\left(E + \frac{e^2}{r}\right)\Psi = 0, K = \frac{h}{2\pi}$$

Ψ: „Schrödingerfunktion“, „Zustandsfunktion“
E : Energie (des Elektrons)
$V = V(x, y, z)$: Potential der angreifenden Kräfte
Δ : Laplace-Operator
h : Plancksches Wirkungsquantum
m: Masse (des Elektrons)
e : Ladung (des Elektrons)

Die „richtige“ Konstante K erhielt Schrödinger durch Vergleich mit dem Experiment (Wasserstoffspektrum) (Ann. Physik 79 (1926) p. 362 und p. 371).

Diese Gleichung (und ihre Generalisierung für mehrere Teilchen) gestattet die Berechnung der Energieniveaus gebundener Zustände und damit auch die Spektren der Atome — jedenfalls soweit es die Rechenkunst zuläßt.

Kurze Zeit darauf findet Schrödinger die „zeitabhängige Schrödinger-Gleichung“:

zeitabhängige Schrödinger-Gleichung

$$\Delta\Psi - \frac{8\pi^2}{h^2} V\Psi \mp \frac{4\pi i}{h}\frac{\partial\Psi}{\partial t} = 0$$

(Ann. Phys. 81 (1926) 112)

Diese Formel verkörpert das Bewegungsgesetz der Wellenmechanik. Sie regiert und bestimmt die zeitliche Veränderung der Schrödinger-Funktion. Es gelang Schrödinger auch bald, eine richtige Formulierung für die Theorie mehrerer wechselwirkender Teilchen zu finden. Dabei nutzte er als heuristischen Anhaltspunkt eine von Heinrich Hertz stammende Formulierung der Mechanik.
Ein neues Instrumentarium, dessen Zentrum die Begriffe „Schrödinger-Funktion“ und „Schrödinger-Gleichung“ bildeten, war geschaffen. In der Folge profitierte eine ganze Physikergeneration von der Kraft dieses Ansatzes, der sie zu immer neuen und immer weiter reichenden Schlußfolgerungen führte.

1926 publizierte Schrödinger 12 Arbeiten und davon 7 zu seiner neuen Wellenmechanik. Es war der Höhepunkt seines physikalischen Schaffens. Wohl wissend, daß die Herleitung einer Gleichung allein noch nicht viel bedeuten muß, zeigte er an physikalisch grundlegenden Beispielen, daß sie der Bohr-Sommerfeldschen Theorie nicht nur ebenbürtig, sondern überlegen ist. Dazu gehörte das mit Weyls mathematischem Ratschlag in vorbildlicher wissenschaftlicher Gründlichkeit gelöste Kepler-Problem der Quantenphysik, die Behandlung des harmonischen Oszillators, des starren und des unstarren Rotators, des Stark-Effekts, der Auswahl- und Polarisationsregeln sowie die Untersuchung der Intensitätsverhältnisse für die elektrische Feinzerlegung der Balmer-Linien. Für seine Untersuchungen entwickelte Schrödinger eine Störungstheorie. Er gab auch an, wie man seine Gleichung aus einem Variationsprinzip gewinnt, dessen Nebenbedingung (die quadratische Integrierbarkeit) an die Stelle der Randbedingungen der klassischen Schwingungstheorie tritt.

Schrödingers entscheidende Arbeit trägt den Titel „Quantisierung als Eigenwertproblem" (Erste Mitteilung). Sie erschien in den Annalen der Physik 79 (1926) 361–376, siehe auch [3].
Sie beginnt mit dem programmatischen Satz:

„In dieser Mitteilung möchte ich zunächst in dem einfachsten Fall des (nichtrelativistischen und ungestörten) Wasserstoffatoms zeigen, daß die übliche Quantisierungsvorschrift sich durch eine andere Forderung ersetzen läßt, in der kein Wort von „ganzen Zahlen" mehr vorkommt. Vielmehr ergibt sich die Ganzzahligkeit auf dieselbe natürliche Art, wie etwa die Ganzzahligkeit der Knotenzahl einer schwingenden Saite. Die neue Auffassung ist verallgemeinerungsfähig und rührt, wie ich glaube, sehr tief an das wahre Wesen der Quantenvorschriften."

Planck und vor allem Einstein waren sofort von der Bedeutung der Schrödingerschen Lösung überzeugt.

Planck schreibt an Schrödinger ([2], S. 3):

„Ich lese Ihre Abhandlung wie ein neugieriges Kind die Auflösung eines Rätsels, mit dem es sich lange geplagt hat, voller Spannung anhört, und freue mich an den Schönheiten, die sich dem Auge enthüllen, die ich aber noch viel genauer im einzelnen studieren muß, um sie voll erfassen zu können." (2. 4. 1926)

Am 26. 4. 1926 schreibt Einstein an Schrödinger ([2], S. 26):

„Ich bin überzeugt, daß Sie mit Ihrer Formulierung der Quantenbedingungen einen entscheidenden Fortschritt gefunden haben, ebenso wie ich überzeugt bin, daß der Heisenberg-Bornsche Weg abwegig ist."

Doch trotz der Zustimmung von Planck und von Einstein, die ihm, wie er am 23. 4. 26 an Einstein schrieb, „wertvoller als die einer halben Welt“ ist, melden sich bei Schrödinger Zweifel. Diese betreffen freilich nicht die von ihm gefundene mathematische Formulierung. Es betrifft ihre physikalische Interpretation. Denn so bestechend die Analogie zur schwingenden Saite der Klassischen Physik ist, mehr als ein heuristisches Hilfsmittel kann sie nicht sein. Dessen ist sich Schrödinger offensichtlich bewußt. Und so schreibt er an Planck:

> „Ich wüßte so gerne, wie man in Berlin und wie insbesondere Sie selbst den Stand der Quantenangelegenheit beurteilen. Ist es wahr, was die Matrizen- und q-Zahlphysiker sagen, daß die Wellengleichung nur das Verhalten eines statistischen Ensembles beschreibt, ... Ich würde es gern glauben, wenn ich nur mein Gewissen beruhigen könnte, daß es nicht leichtsinnig ist, so leichten Kaufs über die Schwierigkeiten hinwegzukommen ... In einer ganz neuen Arbeit von Heisenberg sollen sogar meine viel belächelten Wellenpakete ihre Deutung als „Wahrscheinlichkeitspakete“ gefunden haben. ... Nun, wie Gott will, ich halte still. Das heißt, wenn man wirklich *muß*, will ich mich auch an solche Dinge gewöhnen.“ (4. 7. 26)

Wie aber nahm das „andere Lager“ die Schrödingersche Entdeckung auf? Heisenberg hatte geglaubt, daß die Lösung der Probleme der Atomphysik zu einem eindeutigen und universellen mathematischen Schema führen sollte — und wenn dies einmal entdeckt sei (und im gegebenen Falle eben durch ihn), nun, dann wäre es eben dieses.

Daher war Heisenberg unglücklich über das Auftauchen der Schrödingerschen Theorie und er hoffte, sie möge falsch sein.

Als im Juni 1926 Max Born Schrödingers Methode zur Behandlung von Stoßvorgängen benutzte — diese Arbeit führte ihn zu seiner berühmten Wahrscheinlichkeitsinterpretation —, beschuldigte Heisenberg Born, „ins feindliche Lager übergelaufen zu sein“. Heisenberg schrieb in dieser Zeit an Pauli:

> „Je mehr ich darüber nachdenke, desto abscheulicher erscheint sie mir.“

Er glaubte fest, daß die Schrödingersche Deutung seiner psi-Funktion (der „Schrödinger-Funktion“) falsch sei. Er wußte anfangs aber auch nicht, wie ein solches Objekt in seiner Theorie unterzubringen wäre. Nach der für ihn befriedigenden Klärung des Sinns der Schrödinger-Funktion durch Born benutzte Heisenberg jedoch sofort dessen Gleichung, um das Problem des Heliumspektrums anzugehen (Ende 1926).

Schrödinger hingegen hatte offenbar von Anbeginn an eine andere Sicht. Er glaubte, von dem Problem der Interpretation abgesehen, sehr bald an eine Brücke zwischen seiner und Heisenbergs Theorie. In seiner 2. Mitteilung „Quantisierung als Eigenwertproblem“ [3] schreibt er nämlich zu Heisenbergs Vorgehen:

„In der Methode ist er so totogenere verschieden, daß es mir bisher nicht gelungen ist, das Verbindungsglied zu finden. Ich hege die ganz bestimmte Hoffnung, daß diese beiden Vorstöße einander nicht bekämpfen, vielmehr gerade wegen der außerordentlichen Verschiedenheit des Ausgangspunktes und der Methode einander ergänzen werden, indem der eine weiterhilft, wo der andere versagt.“

Diese weise Voraussage sollte schnell eintreffen. Schrödinger selbst fand die Äquivalenz der beiden Methoden nach kurzer Zeit und publizierte sie in der schon genannten Arbeit „Über das Verhältnis der Heisenberg-Born-Jordanschen Quantenmechanik zu der meinen“. Dabei ist ihm eine gewisse Überlegenheit seines Zuganges bewußt, die er jedoch nur indirekt und vorsichtig andeutet.

„Höchstens könnte im vorliegenden Fall ein gewisser Vorzug der Matrizendarstellung darin erblickt werden, daß sie wegen ihrer vollkommenen Unanschaulichkeit nicht dazu verleitet, räumlich-zeitliche Bilder des atomistischen Geschehens zu formen, die vielleicht prinzipiell unkontrollierbar bleiben müssen.“

Den Äquivalenzbeweis möchte Schrödinger auf der mathematischen Ebene belassen. Zu Annahme der Born-Heisenbergschen Wahrscheinlichkeitsinterpretation kann er sich nicht entschließen. Offenbar um hierüber die Diskussion offen zu lassen, fügt er die Bemerkung an:

„Im übrigen läßt sich aber der These, daß mathematische Äquivalenz mit physikalischer Äquivalenz gleichbedeutend sei, überhaupt nur bedingte Gültigkeit zuerkennen.“

Von Anbeginn an kommt Schrödinger in fast jeder seiner quantenphysikalischen Arbeiten auf das Interpretationsproblem zurück und er versucht Argumente und Ansätze, die auf eine feldtheoretisch anschauliche (mehr „physikalische und zwar elektromagnetische“ und nicht lediglich „formale“) Deutung seiner psi-Funktion zielen.
Jedoch ist er mit keinem dieser Deutungsversuche zufrieden. Und so finden wir anschließend, meist in derselben Arbeit, die Kritik dieser Deutung, die seinem scharfen Verstand und seiner Wahrheitsliebe entsprang.

Werfen wir einen kurzen Blick auf dieses Dilemma. Zu den erstaunlichsten Behauptungen der Wellenmechnaik gehört wohl die, es gäbe in der Natur sehr viel mehr Zustände als es die herkömmliche Mechanik zuläßt, und zwar in demselben Sinne wie die Wellenoptik so viel reicher ist als ihre Verkürzung zur Geometrischen Optik. Beschreibt die Newtonsche Mechanik den Zustand eines Massenpunktes (bzw. den Schwerpunkt eines Körpers) durch die Angabe seines Ortes und seiner Geschwindigkeit, somit durch 6 Zahlen, so verlangt Schrödingers Theorie die Angabe der Schrödinger-Funktion, d. h., jedem Punkt des Raumes ist eine komplexe Zahl zuzuordnen (wobei noch einige milde Zusatzbedingungen zu erfüllen sind). An die Stelle der 6 Zahlen tritt mithin die Angabe von unendlich vielen Zahlen und das Unendliche ist von der Mächtigkeit des Kontinuums. Wären nicht die unbestreitbaren Erfolge gewesen, kaum jemand hätte hinnehmen können, daß zur Beschreibung eines Teilchens bereits ohne Berücksichtigung seiner eventuellen inneren Struktur oder aber zur Beschreibung des Schwerpunktes eines Körpers ein solcher Aufwand zu treiben sei.

Nicht weniger beeindruckend sind die Verhältnisse, wenn man Situationen betrachtet, bei denen man in der Klassischen Physik nur einige wenige Zustände hat bzw. zu berücksichtigen braucht, z. B. Gleichgewichtslagen in Potentialmulden. Hier erzwingt die Quantentheorie sofort ein Kontinuum von Zuständen. Wenn, um das einfachste Beispiel zu nennen, „klassisch" nur zwei Zustände möglich sind, so kann man die Quantenzustände eines solchen Systems eindeutig den Punkten einer Kugeloberfläche zuordnen. (Einfache bekannte Beispiele sind Approximationen, die die Berechnung der Mikrowellenschwingungen des Ammoniakmoleküls auf ein 2-Niveau-System zurückführen, die elementare Behandlung der Überlagerungen der neutralen K-Mesonen, Hückel-Näherungen für aromatische Moleküle usw.)

Mit den Augen der Klassischen Mechanik gesehen ist der Zustandsraum für ein Quantenteilchen ungeheuer groß. Man kann die Möglichkeiten, die ein Quantenteilchen hat, sich zu realisieren, einfach nicht in dem entsprechenden Zustandsraum der Klassischen Mechanik unterbringen. Nebenbei sei bemerkt, daß man umgekehrt die Zustände eines „klassischen" Teilchens nicht als eine Teilmenge der quantenmechanischen verstehen kann, obwohl es von ersteren so außerordentlich viel weniger gibt. (Nach Bohr und Heisenberg kommt dies daher, daß die zur Beschreibung „klassischer" Zustände benötigte Menge von Eigenschaften („Meßdaten") im allgemeinen in der Quantenmechanik nicht koexistieren können.)

Schrödinger, der die erörterte und weitere Schwierigkeiten klassischer Interpretationsversuche schnell erkannte, operierte mit dem Begriff des „Wellenpakets", mit Schrödinger-Funktionen also, deren Profile sich nur für sehr kleine Raumgebiete deutlich vom Nullniveau abhoben. Dieses Vorgehen war der klassischen feldtheoretischen Teilchenkonzeption entlehnt, die, sofern von „Teilchen" die Rede ist, nur ganz spezielle Feldkonfigurationen meint. (Übrigens fand Schrödinger bei diesen Überlegungen in den Gaußschen Wellenpaketen die quantentheoretisch hierfür optimalen Schrödinger-Funktionen [18].)

Auch einem solchen Vorgehen stehen sehr große Schwierigkeiten gegenüber: Die Gleichung, die die zeitliche Veränderung der psi-Funktion bestimmt, die zeitabhängige Schrödinger-Gleichung also, sieht schon vom Anblick her nicht wie eine Gleichung für Wellen aus. Sie erinnert viel eher an eine Gleichung für die Wärmeleitung oder einen anderen Ausgleichsvorgang. Der Unterschied zur Wärmeleitungsgleichung besteht formal nur in einer imaginären Einheit, einer Wurzel aus -1, die vor der Zeitableitung steht und damit diese Gleichung von allen bis dahin gründlich untersuchten unterscheidet. Einiges aber hat Schrödingers Gleichung tatsächlich von der für die Wärmeleitung „geerbt". Wir wissen, daß die Wärmeleitung scharfe Temperaturprofile glättet und zum räumlichen Ausgleich strebt. Dies tut die Schrödinger-Gleichung in der Tat auch. In bestimmter Hinsicht tut sie es sogar noch gründlicher, nämlich, aus Reversibilitätsgründen, nach beiden Zeitrichtungen: Für ein freies Schrödingerteilchen ist die Lokalisierung einer Lösung auf ein Raumgebiet vorgegebener Abmessung immer nur eine endliche Episode in der Unendlichkeit der Zeit.

Für Teilchen hinreichender Masse, so für alle makroskopischen Körper, ist diese Episode freilich sehr viel länger als alle Zeitmaße, die die Entwicklung unseres Universums bestimmen. Für freie Atome, Elektronen und alle anderen Teilchen vergleichbarer Masse ist sie aber äußerst kurz. Nur genügend starke Bindungskräfte vermögen die Verflachung und Einebnung der Schrödinger-Funktion aufzuhalten! So wissen wir, daß sich Elektronen auch in manchen Festkörpern (z. B. Metallen), in aromatischen organischen Molekülen und bei vielen anderen Gelegenheiten recht frei bewegen können. Jedes von ihnen nimmt dann (in stationären Zuständen) jeden ihm zugängigen Ort gleichermaßen ein. Für diese Zustände wird der Begriff des Ortes insignifikant: Jede theoretische oder experimentelle Nachfrage ergibt eine ausgesprochen vieldeutige Antwort, die Schrödinger-Funktion zeichnet keinen Ort wirklich aus. Das Profil einer solchen Zustandsfunktion ist eine sanfte Hügellandschaft und jede Art der klassischen Teilchenbeschreibung, auch die klassisch feldtheoretische, wird unmöglich.

Inzwischen ist es eine geschichtliche Tatsache geworden, daß sich die von Max Born ausgehende Wahrscheinlichkeitsdeutung durchgesetzt hat.

Für das mehr am Verfolgen von Kausalketten geschulte Denken ist freilich der objektive Zufall immer strapaziös, und der Versuch, ihn anderen Denkkategorien lediglich unterzuordnen und ihm dadurch nicht gerecht zu werden, ist zu verführerisch. Durch die Quantentheorie wird dieses Problem außergewöhnlich verschärft: Die quantenphysikalischen Zufälle, die a-priori-Charakter besitzen, sich also weder auf andere Zufälle noch auf unerkannte Faktoren zurückführen lassen, haben die Hürden für das Verstehen des Zufälligen beträchtlich erhöht.

Mit bewunderungswürdigem experimentellen Geschick, aber auch durch scharfsinnige Gedankenexperimente, ist vielfach versucht worden, die Wahrscheinlichkeitsinterpretation der Quantentheorie in eklatante, unannehmbare Widersprüche zu verwickeln. Ihre Analyse hat jedoch immer nur zu einem vertieften Verstehen, nicht aber zur Aufhebung oder auch nur bloßen Beschädigung dieser Theorie geführt. In diesem Sinne, so meine ich, ist der Interpretationsstreit innerhalb der Physik zwar de facto nicht gänzlich wohl aber historisch entschieden.

Schrödinger wäre mit dieser Feststellung sicher nicht einverstanden gewesen, da er bis zu seinem Lebensende der Möglichkeit einer radikalen Uminterpretation nachhing. Weshalb Schrödinger, der statistische und Wahrscheinlichkeitsbetrachtungen in der Physik so meisterhaft beherrschte, der Bornschen Interpretation nicht folgte, ist kaum beantwortbar. Vielleicht waren es die extensiven, oft unbelegbaren und unberechtigten Verallgemeinerungen dieser Interpretation, die ihn abstießen, vielleicht aber auch seine eigene, partiell an Spinoza erinnernde Art von Ganzheitsphilosophie, die ihm diese Schranke setzte. Man erinnert sich in diesem Zusammenhang, daß die Bohrschen Auffassungen über Komplementarität bis zur Herausbildung der gegenwärtigen Quantentheorie die heuristische Leitlinie Heisenbergs und seiner Mitstreiter war, ihre klare Abtrennung und Unterscheidung von der Bornschen Interpretation aber langsam und allmählich, fast stillschweigend, erfolgte.[2]

Ich möchte nochmals auf die Äquivalenz der beiden von Heisenberg und Schrödinger stammenden und zunächst in Konkurrenz stehenden Formulierungen der Quantentheorie zurückkommen. Sie wurde übrigens auch von Pauli (Brief an Jordan vom 12. 4. 1926) und von C. Eckart (Proc. Nat. Acad. Sci. 12 (1926) 473—476) bemerkt [6]. Es entsteht hier nämlich die Frage, weshalb gerade der Schrödingersche Formulierung in der weiteren Entwicklung eine besondere Rolle zukommen mußte.

Die Existenz dieser beiden Formulierungen erwies sich als erster Widerschein einer Transformationstheorie, mit der sich fast beliebig neue, dem jeweiligen Untersuchungsgegenstand besonders angepaßte Formulierungen der Quantenphysik erzeugen ließen. Dirac, dem wir die erste Version dieser Transformationstheorie verdanken, gibt selbst eine bemerkenswerte Einschätzung dieser Leistung [7]:

„Ich denke, daß mich diese Arbeit unter allen Arbeiten, die ich während meines Lebens ausführte, am meisten erfreute. Sie erfreute mich, weil sie

[2] Zum Komplementaritätsprinzip und seiner Geschichte siehe [16] und [17].

nicht einem glücklichen Zufall entsprang sondern dem logischen Denken, das mich Schritt für Schritt zu genauerer Erkenntnis und zur jeweils nächsten Frage führte, die wiederum untersucht und gelöst werden konnte." (Freie Übersetzung).

Diesen Reichtum an äquivalenten Formulierungen der Quantenmechanik konnte man als verschiedene Realisierungen, Darstellungen einer neuen Struktur verstehen, die einer nächsten Abstraktionsebene angehört. Es ist dies ein Verhältnis, wie man es auch von Symmetriebetrachtungen kennt. Auch hier unterscheidet man die abstrakte Beschreibung der Symmetrie (die i. allg. mit Hilfe einer Gruppe erfolgt) und ihre mannigfaltigen Realisierungen in Atomen, Molekülen, Elementarteilchen (aber auch in Gebrauchsgegenständen, Ornamenten und anderen Kunstwerken usw.). Das entsprechende Verhältnis in der Quantentheorie ist freilich bis heute wirklich geklärt nur für Systeme mit endlich vielen Freiheitsgraden. Außerhalb dieses Gebiets erweisen sich diese Betrachtungen als extrem schwierig, und wesentliche Fragen sind noch offen.

Wenn es auch wahr ist, daß die Existenz der Transformationstheorie den Platz der ursprünglichen Schrödingerschen „Ortsdarstellung" etwas relativiert, so nimmt doch unter allen äquivalenten Formulierungen die Schrödingersche geschichtlich einen besonderen Platz ein.

Denkt man über diese Tatsache nach, wird man unweigerlich auf die verschiedenen „mathematischen Umgebungen" der Heisenbergschen und der Schrödingerschen Versionen der Quantenmechanik geführt. Dem ungewohnten Rechnen mit unendlichen Matrizen oder gar mit dem noch abstrakteren q-Zahl-Schema stellte Schrödinger die Behandlung von Differentialgleichungen gegenüber: Die von ihm gegebene Formulierung war mathematisch in ein vertrautes und wohleingeführtes Terrain eingebettet, und er konnte an die Erfahrungen der Physiker anknüpfen, daß sich physikalische Gesetze durch Differentialgleichungen ausdrücken lassen. Denn die wichtigsten Observablen werden in Schrödingers Theorie durch Differentialoperatoren repräsentiert, so daß zur Lösung der anstehenden Aufgaben der Quantenphysik auf das reiche Wissen im Umgang mit Differentialgleichungen zurückgegriffen werden konnte. Der wichtigste Operator der Theorie, der Hamilton-Operator, zeigte sich in recht vertrauter Gestalt, zumindest bei den einfachsten explizit lösbaren Problemen. Heisenbergs kanonische Vertauschungsregel reduzierte sich auf eine eher trivial anmutende Identität! Auch ergaben sich automatisch Forderungen nach einer gewissen „Glattheit" der Zustandsfunktion, da man ja differenzieren mußte. (Die Festlegung solcher „lokalen Randbedingungen" für die Vektoren, auf die Heisenbergs unendliche Matrizen wirken, führt meist auf knifflige Fragen, bei denen uns die Intuition verläßt.)

Und noch weitere Vorteile ergaben sich. Schrödingers Gleichungen können aus Extremalprinzipien gewonnen werden. Sie ergeben sich als Eulersche Gleichungen von Variationsaufgaben, für die klar und einleuchtend aufgebaute Lagrange-Funktionen angebbar waren. Schließlich, und nicht zuletzt, stützt sich Schrödingers Darstellung auf Funktionen des Ortes (eben auf die Schrödinger-Funktionen), so daß überschaubare und vertraute geometrische Vorstellungen zum Zuge kommen können. Dies ist ein großer Anschaulichkeitsvorteil, der auch von fast allen Autoren der einschlägigen Lehrbuchliteratur hoch geschätzt wird.

Der von Schrödinger gefundene Zugang zur Quantenmechanik und die grundlegenden Einsichten von Heisenberg, Born und ihren Anhängern in die begriffliche Struktur dieser Theorie bestimmten den weiteren Gang der Dinge. Besonders in den ersten etwa 30 Jahren nach Heisenbergs und Schrödingers Entdeckungen konnte durch kluge physikalische Argumentation und angereicherte Erfahrung eine Fülle von neuen Ergebnissen im „Geradeausverfahren" erhalten werden. Es kam dabei vor allem darauf an, die Stellen zu sehen und die Aufgaben zu finden, an denen die Hebel des Schrödingerschen Algorithmus angesetzt werden konnten. Dabei konnten durch tiefes physikalisches Verständnis der Problemstellungen eine Reihe von Fallstricken umgangen werden, deren Existenz sich erst später offenbarte. (Genannt seien als Beispiele das Problem der Selbstadjungiertheit und damit der eindeutigen Bestimmtheit der Spektren von Hamilton-Operatoren, das quantenmechanische Resonanzproblem, das inverse Problem der Streutheorie, usw.)

Dann aber begann sich auch hier die Spezialisierung immer deutlicher durchzusetzen und die Quantenphysik begann sich mit einer Vielzahl von experimentellen, theoretischen und mathematisch-methodischen Einzelgebieten zu überdecken, so wie es in der Wissenschaft üblich und notwendig ist. Die Theorie der Schrödinger-Operatoren ist darin ein besonderer, sehr umfangreicher und selbst wieder in sehr große Teilkomplexe zerfallender Teil (siehe z. B. [5]).

Theorie und Anwendung der Schrödinger-Gleichung gehören zum unverzichtbaren Fundament der Quantenphysik, so, wie die Elektrodynamik ohne die Maxwellschen Gleichungen, die Relativitätstheorie ohne die Gleichungen von Einstein undenkbar sind. Welcher Physiker könnte sich Kernphysik, Atom- und Molekülphysik, Festkörpertheorie ohne Schrödinger-Gleichung und ohne Schrödinger-Funktion vorstellen?

Wenn auch über 60 Jahre vergangen sind, so ist die Quantentheorie noch immer eine sehr junge Wissenschaft, voll im Stadium ihrer Entfaltung begriffen und möglicherweise noch weit von der ersten Ausschöpfung ihres Ideen- und Begriffsvorrats entfernt. Ihre Grundlagen und Konsequenzen haben unser physikalisches Denken nachhaltig verändert. Doch darf man wohl zu recht vermuten, daß wir uns noch in einer frühen Phase dieses Umdenkens befinden und der größere Teil sicherlich noch vor uns liegt.

Dies aber beleuchtet, mehr als vieles andere, die Größe der Schrödingerschen Entdeckungen.[3]

Literatur

[1] Schrödinger, E.: Mein Leben meine Weltsicht. Verlag Paul Zsolnay Wien/Hamburg 1985.
[2] Przibram, K.: Schrödinger, Planck, Einstein, Lorentz, Briefe zur Wellenmechanik. Springer-Verlag, Wien 1963.
[3] Schrödinger, E.: Abhandlungen zur Wellenmechanik. Verlag J. Ambrosius Barth, Leipzig 1928.
[4] Schrödinger, E.: Vier Vorlesungen über Wellenmechanik. Verlag J. Springer, Berlin 1928.
[5] Simon, B.: The Theory of Schrödinger Operators: What's It All About. Engineering & Science May 1985, p. 20.
[6] Mehra, J.: The birth of quantum mechanisc. Publ. CERN-7610, Genf 1976.
[7] Dirac, P. A. M.: The relativistc electron wave equation. Preprint KFKI-1977-62, Budapest 1977.
[8] Österreichische Akademie der Wissenschaften (Herausgeber): Erwin Schrödinger — Gesammelte Abhandlungen, 4 Bde. Verlag d. Österreich. Akad. Wiss. und Verlag Friedr. Vieweg & Sohn, Braunschweig/Wien 1984.
[9] P. L. Kapiza: Experiment-Theorie-Praxis, Akademie-Verlag, Berlin 1984.
[10] Schrödinger, E.: Über eine bemerkenswerte Eigenschaft der Quantenbahnen eines einzelnen Elektrons. Z. Physik 12 (1922) 13—23.
[11] Buchheim, W.: Die Schrödingersche Wellenmechanik als Beitrag zum quantenphysikalischen Naturverständnis. Nova Acta Leopoldina (Neue Folge) 52 (1980) Nr. 239.
[12] Buchheim, W.: 50 Jahre Wellenmechanik — der Beitrag Erwin Schrödingers zum quantenphysikalischen Naturverständnis. Jahrb. Sächs. Akad. Wiss. 1975/76, S. 151—155.
[13] 50 Jahre Quantenmechanik. Sammelband der Akademie der Wissenschaften der UdSSR, Institut für Geschichte der Naturwissenschaften und Technik (in Russisch). Verlag NAUKA, Moskau 1979.
[14] Flamm, D.: Ansprache anläßlich der Enthüllung einer Büste von Erwin Schrödinger. Almanach d. Österreich. Akademie der Wissenschaften 127 (1977) 661—666.
[15] Debye, P. J. W.: Science 145 (1964) 554—559.

[3] Für Hinweise und nützliche Anmerkungen bin ich den Herren Crell (Leipzig), Buchheim (Freiberg), Löffelholz (Leipzig), Rompe (Berlin), Wehrl (Wien) und Wußing (Leipzig) dankbar.

[16] Buchheim, W.: Komplementarität nach Niels Bohr — physikgeschichtliche Episode oder universelle Kategorie von Ergänzung?". Sitzungsber. d. Sächsischen Akademie der Wissenschaften zu Leipzig. Mathem.-naturw. Klasse, Bd. 117, 6, 1984.

[17] Buchheim, W.: Komplementarität nach Niels Bohr: Physikgeschichtliche Episode oder universelles Wahrnehmungsprinzip? Leopoldina (R. 3) 31. Mitt. 1985 (1986) 181—194.

[18] Steiner, F.: Schrödinger's Discovery of coherent states. Preprint Desy 87—142, Hamburg 1987.

www.ingramcontent.com/pod-product-compliance
Ingram Content Group Australia Pty Ltd
76 Discovery Rd, Dandenong South VIC 3175, AU
AUHW021824210126
422412AU00002B/4

9 783112 725566